Abdelhafid Mimouni

Para uma química sustentável e inovadora

Abdelhafid Mimouni

Para uma química sustentável e inovadora

ScienciaScripts

Imprint
Any brand names and product names mentioned in this book are subject to trademark, brand or patent protection and are trademarks or registered trademarks of their respective holders. The use of brand names, product names, common names, trade names, product descriptions etc. even without a particular marking in this work is in no way to be construed to mean that such names may be regarded as unrestricted in respect of trademark and brand protection legislation and could thus be used by anyone.

Cover image: www.ingimage.com

This book is a translation from the original published under ISBN 978-620-6-72657-9.

Publisher:
Sciencia Scripts
is a trademark of
Dodo Books Indian Ocean Ltd. and OmniScriptum S.R.L publishing group

120 High Road, East Finchley, London, N2 9ED, United Kingdom
Str. Armeneasca 28/1, office 1, Chisinau MD-2012, Republic of Moldova, Europe
Printed at: see last page
ISBN: 978-620-8-26827-5

RUMO A UMA QUÍMICA SUSTENTÁVEL E INOVADORA

AUTOR : DR. ABDELHAFID MIMOUNI

Sou um investigador independente em química bioinorgânica, especializado em síntese e caraterização macromolecular. Possuo um doutoramento pela Universidade de Paris XII (1997) e um Diplôme des Études Approfondies en Systèmes Bioinorganiques pela Universidade de Paris XI (1993), onde também obtive a licenciatura e o mestrado em Química.

RESUMO

Este livro explora a química sustentável e o papel dos materiais inorgânicos na transição para soluções energéticas amigas do ambiente. Define a química sustentável e os seus princípios, traça a evolução dos materiais sustentáveis e destaca a importância dos complexos metálicos na catálise. São também examinadas as tecnologias de eletrólise da água para a produção de hidrogénio, bem como os desafios associados à sua utilização, como o custo e a toxicidade. Além disso, o livro discute o impacto social das tecnologias sustentáveis, destacando a importância da aceitabilidade social e das políticas de sustentabilidade. Por último, propõe uma via a seguir baseada na inovação, na colaboração interdisciplinar e na sensibilização do público, para transformar os desafios em oportunidades e promover um futuro sustentável.

ÍNDICE DE CONTEÚDOS

INTRODUÇÃO

A procura de um futuro sustentável tornou-se uma das principais prioridades do nosso tempo. À medida que os desafios ambientais se intensificam, é imperativo explorar soluções inovadoras que possam reduzir a nossa pegada ecológica e, ao mesmo tempo, satisfazer as nossas crescentes necessidades energéticas.

É neste contexto que a química de materiais sustentáveis está a emergir como um campo crucial, combinando a ciência fundamental com aplicações práticas. O objetivo deste livro é explorar em profundidade o papel dos complexos metálicos e dos materiais de base biológica na criação de soluções sustentáveis. Começamos com a catálise, onde os complexos de metais de transição podem melhorar a eficiência das reacções químicas, contribuindo para processos mais amigos do ambiente.

Em particular, examinaremos a forma como estes catalisadores são essenciais na conversão da água em hidrogénio e oxigénio, um processo fundamental para o futuro das energias renováveis.

Abordaremos também a questão dos materiais de base biológica, destacando as inovações que permitem utilizar recursos renováveis para desenvolver compósitos sustentáveis. Ao incorporar complexos metálicos nestes materiais, podemos não só melhorar as suas propriedades, mas também abrir novas vias para a sua utilização numa variedade de aplicações. Finalmente, exploraremos os desafios e as perspectivas associadas à implementação destas novas tecnologias. tecnologias.

Os obstáculos técnicos, económicos e sociais devem ser ultrapassados para garantir a transição para um futuro energético sustentável. Destacaremos a importância da aceitabilidade social e das políticas de sustentabilidade que apoiam estas inovações. Com este livro, esperamos oferecer uma visão clara e inspiradora dos avanços actuais e das perspectivas futuras no domínio da química de materiais sustentáveis. Quer seja um investigador, um estudante ou simplesmente um apaixonado pelas questões ambientais, convidamo-lo a mergulhar neste universo fascinante onde a ciência e a sustentabilidade se encontram.

CAPÍTULO 1

OS FUNDAMENTOS DA QUÍMICA SUSTENTÁVEL

A química sustentável é um conceito que faz parte de uma abordagem mais alargada do desenvolvimento sustentável. O seu objetivo é conceber processos e produtos químicos que minimizem o impacto ambiental e satisfaçam as necessidades da sociedade. Neste capítulo, definiremos a química sustentável, traçaremos o seu desenvolvimento histórico e delinearemos os seus princípios fundamentais.

1.1 Definição de química sustentável

A química sustentável é uma disciplina emergente na intersecção entre a ciência química e os imperativos ambientais. É definida como um quadro que integra considerações ambientais, económicas e sociais em todas as fases da conceção, fabrico e utilização de produtos químicos. Este domínio de estudo tem como objetivo transformar a forma como os produtos químicos são desenvolvidos e utilizados, com ênfase na sustentabilidade e na responsabilidade.

Objectivos e princípios

O objetivo fundamental da química sustentável é conceber soluções químicas que não só satisfaçam as necessidades da sociedade moderna, mas também o façam de uma forma eficiente e respeitadora do ambiente. Isto implica uma série de compromissos:

1. **Reduzir o consumo de recursos não renováveis**: A química sustentável incentiva a utilização de matérias-primas renováveis, reduzindo a dependência dos combustíveis fósseis. Isto inclui iniciativas para substituir produtos químicos derivados do petróleo por alternativas de base biológica, contribuindo para uma economia circular.
2. **Reduzir a produção de resíduos**: Um dos pilares da química sustentável é a prevenção de resíduos. Isto significa que os processos químicos devem ser concebidos de forma a minimizar os subprodutos e otimizar a utilização de reagentes, conduzindo a uma maior eficiência e à redução dos resíduos.
3. **Limitar os efeitos nocivos para a saúde humana e o ambiente**: A química sustentável tem como objetivo criar produtos químicos que sejam menos tóxicos e mais seguros. Isto inclui encontrar substitutos

para substâncias perigosas, conceber produtos que se decomponham sem prejudicar o ambiente e avaliar o impacto ambiental dos produtos ao longo do seu ciclo de vida.

Importância socioeconómica

A química sustentável não se limita às preocupações ambientais, mas engloba também as dimensões económica e social. Ao promover práticas responsáveis, pode :

- **Estimular a inovação**: A investigação em química sustentável incentiva o desenvolvimento de novas tecnologias e materiais, criando oportunidades económicas.
- **Responder às expectativas da sociedade**: Com a crescente sensibilização para as questões ambientais, os consumidores e as empresas procuram produtos que reflictam valores sustentáveis. A química sustentável responde a esta procura incorporando critérios de sustentabilidade no desenvolvimento de novos produtos.

Em suma, a química sustentável representa um desenvolvimento essencial na indústria química. Ao integrar considerações ambientais, económicas e sociais, permite conceber soluções que são não só cientificamente viáveis, mas também respeitadoras do nosso planeta e dos seus recursos. Através desta disciplina, os cientistas têm a oportunidade de transformar a química num motor de mudança positiva, contribuindo para um futuro mais sustentável para as gerações vindouras.

1.2 História e desenvolvimento de materiais sustentáveis

A ideia de sustentabilidade na indústria química teve início nos anos 90, numa altura em que a sensibilização para as questões ambientais estava a aumentar. Este desenvolvimento foi alimentado por uma série de crises ecológicas, incluindo o aumento da poluição, as alterações climáticas e o esgotamento dos recursos não renováveis. Perante estes desafios, a procura de soluções inovadoras e sustentáveis tornou-se cada vez mais importante.

A década de 1990: Sensibilização e iniciativas

Na década de 1990, começaram a surgir movimentos como o da química verde, que incentivavam os cientistas a conceber produtos químicos e processos que minimizassem o impacto ambiental. As primeiras conferências sobre química verde, como a conferência da American Chemical Society em 1998, desempenharam um papel crucial na divulgação destas ideias. Estes debates salientaram a necessidade de repensar os métodos de produção química e de adotar práticas mais sustentáveis.

A década de 2000: Progresso tecnológico e inovação

Durante a década de 2000, a investigação sobre materiais sustentáveis ganhou impulso. Os bioplásticos, por exemplo, começaram a aparecer no mercado. Produzidos a partir de matérias-primas renováveis, como o amido de milho ou a cana-de-açúcar, estes plásticos têm como objetivo reduzir a dependência dos derivados do petróleo. Empresas como a NatureWorks foram pioneiras no desenvolvimento de bioplásticos, abrindo caminho para uma nova era de materiais amigos do ambiente. Ao mesmo tempo, a economia circular ganhou força como um conceito-chave, promovendo a reutilização, a reciclagem e a redução de resíduos em todos os sectores, incluindo o químico. Foram postas em prática iniciativas para integrar os ciclos de vida dos produtos que têm em conta o seu impacto ambiental em todas as fases, desde a conceção até à eliminação.

2010 até à atualidade: Rumo a uma adoção generalizada

Durante a última década, a pressão para adotar práticas sustentáveis levou a avanços significativos no domínio dos materiais sustentáveis. Muitos sectores, desde a embalagem à construção, começaram a adotar soluções inovadoras, como os compósitos de biomassa. Estes materiais, que combinam recursos renováveis com componentes inorgânicos, oferecem um melhor desempenho e reduzem o impacto ambiental. A investigação sobre materiais compósitos à base de fibras naturais, como o linho ou a juta, também tem vindo a ganhar importância. Estes materiais leves e resistentes são utilizados numa variedade de aplicações, incluindo as indústrias automóvel e aeroespacial, mostrando que a durabilidade pode andar de mãos dadas com o desempenho. O desenvolvimento de materiais sustentáveis reflecte uma mudança de paradigma na química, de um enfoque no volume e no custo para uma abordagem mais responsável e sustentável. Esta transformação é essencial se quisermos responder aos desafios ambientais actuais e futuros. Os progressos neste domínio são um testemunho da inovação contínua e da capacidade da comunidade científica para satisfazer as necessidades da sociedade, preservando simultaneamente o nosso planeta.

1.3 Princípios da química verde

A química verde é orientada por doze princípios fundamentais que têm como objetivo tornar os processos químicos mais amigos do ambiente. Estes princípios fornecem um quadro para a investigação e desenvolvimento de soluções químicas sustentáveis. Segue-se um desenvolvimento pormenorizado de alguns dos principais princípios:

1. Prevenção de resíduos

A prevenção de resíduos é o primeiro princípio da química verde. Implica a conceção de processos químicos que minimizem ou eliminem a produção de resíduos desde o início. Isto pode envolver :

- **Otimização de reacções**: Conceber reacções que utilizem os reagentes de forma eficiente, a fim de reduzir os subprodutos.
- **Tecnologias de reciclagem**: Incorporação de métodos de recuperação e reutilização de materiais para transformar resíduos em recursos.

2. Poupança de energia

A poupança de energia é essencial para reduzir a pegada de carbono dos processos químicos. Este princípio incentiva :

- **Métodos de síntese eficientes em termos energéticos**: Utilizar reacções que ocorram à temperatura ambiente ou que necessitem de menos energia para serem realizadas.
- **Catálise**: Utilização de catalisadores para aumentar a velocidade das reacções, reduzindo assim o tempo e a energia necessários.

3. Utilização de matérias-primas renováveis

Favorecer as matérias-primas renováveis em detrimento dos recursos não renováveis é um aspeto fundamental da química verde. Isto inclui :

- **Biomassa**: Utilização de materiais de origem biológica, como o amido ou a celulose, para produzir plásticos e outros materiais.
- **Alternativas sustentáveis**: Substituir os produtos químicos à base de petróleo por compostos derivados de recursos renováveis, contribuindo assim para a sustentabilidade a longo prazo.

4. Reduzir a toxicidade

A conceção de produtos químicos menos nocivos é um princípio fundamental da química verde. Este princípio envolve :

- **Avaliação dos riscos**: Analisar as propriedades toxicológicas dos produtos químicos na fase de conceção para evitar os que apresentam riscos para a saúde humana ou para o ambiente.
- **Conceber produtos químicos menos perigosos**: Desenvolvimento de alternativas às substâncias tóxicas habitualmente utilizadas, o que pode incluir a investigação de solventes menos nocivos ou reagentes inofensivos.

Assim, estes princípios da química verde não são apenas diretrizes teóricas, mas ferramentas práticas que podem transformar a forma como os produtos químicos são concebidos e fabricados. Ao adotar estes princípios, os químicos podem contribuir para um futuro mais sustentável, reduzindo o impacto ambiental dos produtos químicos e satisfazendo simultaneamente as necessidades da sociedade.

Estes princípios servem de base à investigação e inovação no domínio da química sustentável, permitindo a criação de soluções que respondam aos desafios contemporâneos.

CAPÍTULO 2

COMPLEXOS METÁLICOS E CATÁLISE SUSTENTÁVEL

O Capítulo 2 aborda a importância dos complexos metálicos na catálise sustentável, uma área fundamental para o desenvolvimento de processos químicos mais eficientes e amigos do ambiente. Ao examinar os princípios da catálise, o papel dos metais de transição e as aplicações concretas, este capítulo destaca a forma como estes sistemas catalíticos podem contribuir para uma química sustentável.

2.1 Princípios da catálise

A catálise é um fenómeno que acelera uma reação química sem que o próprio catalisador seja consumido no processo. Pode ser classificada em duas categorias principais: catálise heterogénea e catálise homogénea.

• **Catálise heterogénea**: Neste tipo de catálise, o catalisador encontra-se numa fase diferente da dos reagentes. Por exemplo, nas reacções em que um catalisador sólido é utilizado para gases ou líquidos, a transferência de matéria entre as fases pode ser um fator limitante. A catálise heterogénea é frequentemente utilizada em processos industriais devido à facilidade com que o catalisador pode ser recuperado.

• **Catálise homogénea**: Aqui, o catalisador encontra-se na mesma fase que os reagentes, geralmente sob a forma de uma solução. Esta abordagem oferece vantagens em termos de seletividade e eficiência, mas a separação do catalisador após a reação pode ser mais complexa. Os complexos desempenham um papel crucial neste tipo de catálise, permitindo que as reacções ocorram à temperatura ambiente e em condições suaves.

2.2 Metais de transição em catálise

Devido à sua capacidade de adotar diferentes estados de oxidação e formar uma variedade de complexos, os metais de transição são essenciais na catálise. Desempenham muitos papéis nas reacções químicas:

• **Ativação de reagentes** : Os complexos metálicos podem ativar moléculas reactivas, diminuindo a energia de ativação necessária para que a reação ocorra. Isto resulta num aumento da velocidade da reação.

- **Controlo da seletividade**: Ao modificar a estrutura do complexo metálico, é possível dirigir a reação para produtos específicos, minimizando assim os subprodutos indesejáveis.
- **Estabilidade e capacidade de reciclagem**: Muitos laminados metálicos são concebidos para serem estáveis e podem ser reciclados após a utilização, o que constitui uma grande vantagem para os processos sustentáveis.

2.3 Aplicações práticas

Os complexos metálicos têm muitas aplicações práticas, nomeadamente nos seguintes domínios:

- **Produção de hidrogénio por eletrólise**: Os catalisadores baseados em complexos metálicos, como o níquel e a platina, são essenciais para melhorar a eficiência das reacções de eletrólise. Estes catalisadores facilitam a dissociação da água em hidrogénio e oxigénio, uma etapa fundamental na produção de hidrogénio como vetor de energia limpa.
- **Reacções para converter CO2 em produtos químicos**: Os

complexos metálicos são também utilizados para converter o dióxido de carbono em produtos químicos úteis, como o metanol. Este processo de recuperação de CO2 ajuda a reduzir as emissões de gases com efeito de estufa, ao mesmo tempo que produz matérias-primas renováveis.

- **Estudos de casos: Reacções específicas utilizando complexos metálicos**: Os estudos de casos ilustram a utilização de complexos metálicos em reacções específicas, como a redução de compostos carbonílicos ou a polimerização. Estes exemplos demonstram a flexibilidade e a eficiência dos complexos metálicos em vários contextos químicos.

Em resumo, os complexos metálicos e o seu papel na catálise sustentável representam uma via promissora para a química moderna. Através da integração de métodos catalíticos eficientes e amigos do ambiente, é possível responder aos actuais desafios energéticos e ambientais. Este capítulo destacou não só os princípios e mecanismos da catálise, mas também aplicações concretas que demonstram a importância dos complexos metálicos na transição para a química sustentável.

CAPÍTULO 3

MATERIAIS DE BASE BIOLÓGICA

Este capítulo centra-se nos materiais de base biológica, que representam uma alternativa promissora aos materiais convencionais derivados do petróleo. Ao utilizarem recursos renováveis e minimizarem o impacto ambiental, os materiais de base biológica desempenham um papel essencial na transição para uma economia sustentável. Examinaremos a sua definição, as fontes de biomassa e as aplicações concretas que ilustram o seu potencial.

3.1 Definição e caraterísticas: O que é um material de base biológica?

Um material de base biológica é definido como qualquer material cujos componentes, em parte ou na sua totalidade, são derivados de recursos biológicos renováveis. Estes materiais podem ser utilizados numa variedade de domínios, desde a construção até às embalagens e aos têxteis. As principais caraterísticas dos materiais de base biológica incluem :

- **Renovabilidade**: Ao contrário dos materiais derivados do petróleo, os materiais de base biológica são derivados de recursos renováveis, o que significa que podem ser produzidos de forma sustentável.
- **Biodegradabilidade**: Muitos materiais de base biológica podem decompor-se naturalmente, reduzindo os resíduos e o impacto ambiental.
- **Propriedades melhoradas**: Graças aos avanços tecnológicos, os materiais de base biológica podem oferecer um desempenho comparável ou mesmo superior ao dos materiais tradicionais.

3.2 Fontes de biomassa: Tipos de biomassa e seu potencial

As fontes de biomassa são variadas e incluem vários tipos de matéria orgânica:

- **Resíduos agrícolas**: resíduos de culturas, palha e caules de plantas que podem ser transformados em materiais de base biológica.
- **Resíduos florestais**: Serradura, aparas e outros resíduos da indústria da madeira, que podem ser convertidos em compósitos ou bioenergia.
- **Resíduos alimentares**: os restos de fruta, legumes e outros alimentos podem ser reciclados para produzir bioplásticos ou

compósitos.

- **Culturas energéticas**: Algumas plantas, como o cânhamo e o miscanthus, são cultivadas especificamente pelas suas propriedades materiais.

Estas fontes de biomassa oferecem um enorme potencial para a produção de materiais de base biológica, ajudando a reduzir os resíduos e a tirar o máximo partido dos recursos.

3.3 Aplicações práticas

Os materiais de base biológica têm aplicações concretas numa variedade de sectores. Eis apenas alguns exemplos:

- **Criação de compósitos a partir de resíduos orgânicos**: Estão a ser utilizadas técnicas inovadoras para transformar resíduos orgânicos em compósitos, que podem ser utilizados numa variedade de aplicações, incluindo mobiliário e painéis de construção. Estes compósitos não só reduzem os resíduos, como também oferecem alternativas sustentáveis aos materiais sintéticos.
- **Estudo de caso: Materiais de base biológica utilizados na construção ou na embalagem**: Vários projectos exemplares ilustram a utilização de materiais de base biológica na construção, como a utilização de painéis de partículas feitos de resíduos de madeira ou de

bioplásticos para embalagens de alimentos. Estes exemplos mostram como os materiais de base biológica podem ser eficazmente integrados em sectores tradicionais, reduzindo assim o impacto ambiental.

- **Inovação em materiais compósitos: Aumentar a durabilidade através da integração de complexos metálicos**: A investigação recente está a explorar a integração de complexos metálicos em matrizes de base biológica, melhorando assim a resistência e a durabilidade dos compósitos. Por exemplo, os complexos metálicos podem ser adicionados para reforçar as propriedades mecânicas ou para conferir funcionalidades específicas, como a resistência aos raios UV ou a auto-limpeza.

Em suma, os materiais de base biológica representam uma solução inovadora para os actuais desafios ambientais. Ao explorarem recursos renováveis e incorporarem abordagens sustentáveis, oferecem alternativas viáveis aos materiais tradicionais. Este capítulo destacou não só a definição e as caraterísticas dos materiais de base biológica, mas também o papel dos materiais de base biológica. Demonstram também o seu potencial numa série de aplicações, reforçando o seu papel na química sustentável.

CAPÍTULO 4

ENERGIAS RENOVÁVEIS E MATERIAIS SUSTENTÁVEIS

Este capítulo analisa a interligação entre as energias renováveis e os materiais sustentáveis, salientando a forma como estes dois domínios podem trabalhar em conjunto para apoiar uma transição energética sustentável. Iremos explorar as tecnologias de energia sustentável, em particular as células solares, e a importância dos complexos metálicos no seu funcionamento.

4.1 Tecnologias energéticas sustentáveis: Introdução das energias renováveis

As energias renováveis são fontes de energia que se regeneram naturalmente e são menos susceptíveis de esgotar os recursos do planeta. As principais tecnologias de energias renováveis incluem :

- **Energia solar**: Conversão da luz solar em eletricidade através de painéis solares. Esta tecnologia pode ser aplicada a células solares fotovoltaicas ou térmicas.
- **Energia eólica**: A utilização de turbinas para converter a energia cinética do vento em eletricidade. Este tipo de produção de energia

está a crescer rapidamente e representa uma proporção significativa do cabaz energético mundial.

- **Energia hidroelétrica**: aproveitamento da energia dos cursos de água para produzir eletricidade através de barragens ou instalações hidroeléctricas.
- **Biomassa e biocombustíveis**: Transformação de matéria orgânica em energia, seja sob a forma de calor, eletricidade ou combustíveis.

Estas tecnologias desempenham um papel crucial na redução das emissões de gases com efeito de estufa e no combate às alterações climáticas, fornecendo simultaneamente soluções energéticas sustentáveis.

4.2 Células solares

As células solares são uma das aplicações mais promissoras das energias renováveis, e a utilização de complexos metálicos é essencial para melhorar a sua eficiência e durabilidade.

- **Utilização de complexos metálicos em células solares orgânicas e inorgânicas**: Os complexos metálicos são integrados em diferentes tipos de células solares, tanto orgânicas como inorgânicas. Nas células solares orgânicas, estes complexos podem ser utilizados como aceptores de electrões, aumentando a conversão da luz em eletricidade. Nas células solares inorgânicas, como as células à base de silício, os complexos metálicos podem ser utilizados como catalisadores para otimizar as reacções químicas envolvidas na conversão de energia.

- **Estudos de casos: Eficiência melhorada graças a catalisadores específicos**

: Vários estudos demonstraram que a integração de catalisadores específicos, como os baseados em complexos de platina ou de ruténio, pode melhorar significativamente a eficiência das células solares. Por exemplo, a investigação demonstrou que as células solares que utilizam complexos metálicos na sua arquitetura podem atingir eficiências de conversão de energia mais elevadas do que as células convencionais. Estes avanços ilustram o potencial dos complexos metálicos para revolucionar o domínio das tecnologias solares.

Em suma, as energias renováveis, nomeadamente através das células solares, representam uma via essencial para um futuro energético sustentável. A integração de materiais e complexos metálicos sustentáveis nestas tecnologias não só melhora a eficiência energética, como também aborda questões ambientais. Este capítulo destacou a importância das sinergias entre as energias renováveis e os materiais sustentáveis, abrindo caminho para inovações promissoras na transição energética global.

CAPÍTULO 5

CONVERSÃO DA ÁGUA EM HIDROGÉNIO E OXIGÉNIO

Este capítulo explora a conversão da água em hidrogénio e oxigénio através da eletrólise, uma tecnologia promissora para o desenvolvimento de uma economia energética sustentável. Centrando-nos no papel do hidrogénio como vetor energético, examinamos os princípios da eletrólise, os catalisadores necessários, as tecnologias utilizadas e as potenciais aplicações do hidrogénio produzido.

5.1 Introdução à eletrólise da água

- **Definição e princípio da eletrólise**: A eletrólise da água é um processo eletroquímico que decompõe a água em hidrogénio e oxigénio através da aplicação de uma corrente eléctrica. Isto é feito num eletrolisador, onde a água é sujeita a uma tensão que permite que as moléculas de água (H2O) se dissociem. O hidrogénio é recolhido no cátodo, enquanto o oxigénio é libertado no ânodo.
- **Importância do hidrogénio como vetor energético sustentável**:O hidrogénio é visto como um vetor energético promissor devido à sua capacidade de armazenar e transportar energia. Pode ser utilizado

numa variedade de sectores, desde a produção de energia até à mobilidade, e ajuda a reduzir as emissões de gases com efeito de estufa quando produzido a partir de fontes renováveis.

5.2 Catalisadores e complexos metálicos

- **5.2.1. Tipos de catalisadores**: Os catalisadores desempenham um papel crucial na melhoria da eficiência da eletrólise. Os metais preciosos, como a platina e o irídio, são frequentemente utilizados devido à sua elevada atividade catalítica. No entanto, os complexos de metais alternativos, como o níquel e o cobalto, estão a ganhar popularidade como opções mais duradouras e económicas.
- **5.2.2 Inovações recentes** : Estão a surgir novas estratégias e materiais para melhorar a eficiência dos catalisadores. Estas incluem o desenvolvimento de novos compostos catalíticos, a otimização da estrutura dos metais à escala nanométrica e a utilização de suportes inovadores que aumentam a superfície ativa dos catalisadores.

5.3 Tecnologias de eletrólise

- **5.3.1. Eletrolisador alcalino**: Este tipo de eletrolisador utiliza uma solução alcalina como eletrólito. É relativamente simples e económico, mas menos eficiente do que outras tecnologias. As aplicações incluem instalações industriais de produção de hidrogénio em grande escala.
- **5.3.2. Eletrólise por membrana de permuta de protões (PEM)**: Esta tecnologia utiliza uma membrana de polímero como eletrólito, permitindo uma eletrólise de elevada eficiência nas seguintes condições de funcionamento mais suaves. Os benefícios incluem uma maior eficiência e tempos de resposta mais rápidos, mas os desafios incluem o elevado custo dos materiais.
- **5.3.3. Eletrólise a alta temperatura**: Este método utiliza electrolisadores que funcionam a altas temperaturas para melhorar a eficiência energética. As perspectivas futuras incluem a sua utilização em conjunto com fontes de calor renováveis, aumentando a sustentabilidade do processo.

5.4 Aplicações de produtos de hidrogénio

- **Utilização em pilhas de combustível de hidrogénio e veículos movidos a hidrogénio**:O hidrogénio produzido por eletrólise pode ser utilizado em células de combustível de hidrogénio, oferecendo uma alternativa limpa aos veículos movidos a combustão. Isto reduz as emissões de CO2 no sector dos transportes.
- **Aplicações industriais e armazenamento de energia**: O hidrogénio é também utilizado em várias aplicações industriais, como a produção de amoníaco e a refinação de petróleo. É também utilizado como meio de armazenamento de energia, ajudando a equilibrar a oferta e a procura nas redes de eletricidade.

5.5 Desafios e perspectivas

- **Problemas económicos e técnicos associados à eletrólise em grande escala**: Embora a eletrólise seja promissora, subsistem desafios, nomeadamente em termos de custos de produção e de disponibilidade de materiais. A investigação deve centrar-se na otimização dos processos e na redução dos custos.
- **Impacto ambiental e estratégias para um processo sustentável**:É

necessário avaliar o impacto ambiental da produção de hidrogénio. As estratégias incluem a utilização de energias renováveis para alimentar os electrolisadores, minimizando assim a pegada de carbono do processo.

- **O papel do hidrogénio na transição energética mundial**: O hidrogénio pode desempenhar um papel fundamental na transição para uma economia com baixas emissões de carbono, nomeadamente através da descarbonização de sectores difíceis de eletrificar, como a indústria pesada e os transportes.

Este capítulo destacou a importância da eletrólise da água para a produção de hidrogénio, um vetor energético sustentável essencial na luta contra as alterações climáticas. Ao examinarmos as tecnologias, os catalisadores e as aplicações do hidrogénio, destacámos as oportunidades e os desafios associados a esta tecnologia. A investigação contínua sobre catalisadores e processos de eletrólise será crucial para concretizar o potencial do hidrogénio na transição energética global.

CAPÍTULO 6

DESAFIOS E PERSPECTIVAS

Este capítulo aborda os desafios e oportunidades associados à utilização de complexos metálicos em aplicações sustentáveis. Embora estes materiais desempenhem um papel crucial na química verde e nas tecnologias emergentes, é essencial compreender as limitações actuais, explorar potenciais inovações e considerar o impacto social destes desenvolvimentos.

6.1 Desafios actuais : Limitações dos complexos metálicos em aplicações sustentáveis

A utilização de complexos metálicos apresenta uma série de desafios:

- **Custos dos materiais**: Os complexos metálicos, particularmente os que contêm metais preciosos, podem ser dispendiosos de produzir e isolar. Isto limita a sua acessibilidade para aplicações em grande escala, tornando difícil a sustentabilidade económica.
- **Toxicidade e impacto ambiental**: Alguns complexos metálicos podem apresentar riscos para a saúde humana e para o ambiente. A

toxicidade potencial destes materiais suscita preocupações, exigindo uma investigação aprofundada para desenvolver alternativas menos nocivas.

- **Reciclabilidade e sustentabilidade**: A questão da reciclagem dos complexos metálicos é crucial. A falta de métodos eficazes para recuperar e reutilizar estes materiais em processos industriais limita a sua durabilidade a longo prazo.

6.2 Inovações e investigação futura: Potenciais direcções de investigação

Podem ser exploradas várias vias de investigação promissoras para ultrapassar estes desafios:

- **Desenvolvimento de catalisadores alternativos**: A investigação de complexos metálicos menos dispendiosos e mais duradouros, como os baseados no níquel ou no ferro, poderia oferecer soluções viáveis. A exploração de novos ligandos e arquitecturas poderá também melhorar a eficiência catalítica.
- **Tecnologias de reciclagem**: O investimento em tecnologias de reciclagem eficientes para complexos metálicos reduzirá os resíduos e aumentará a sustentabilidade das aplicações industriais.

- **Abordagens biomiméticas**: Inspirar-se nos sistemas biológicos para conceber complexos metálicos inovadores pode oferecer soluções sustentáveis. Por exemplo, as enzimas naturais têm caraterísticas catalíticas notáveis que podem ser reproduzidas artificialmente.

6.3 Impacto societal: a importância da aceitabilidade social e das políticas de sustentabilidade

O sucesso dos complexos metálicos em aplicações sustentáveis depende não só dos avanços tecnológicos, mas também da sua aceitabilidade social:

- **Sensibilização e educação**: É crucial sensibilizar o público para os benefícios dos materiais sustentáveis e para a importância da sua adoção. Os programas educativos poderiam facilitar a aceitação social e incentivar uma maior adoção das tecnologias.
- **Políticas de sustentabilidade**: Os governos e as instituições devem estabelecer políticas favoráveis à investigação e à inovação no domínio dos complexos metálicos. Isto inclui incentivos financeiros para as empresas que investem em soluções sustentáveis e regulamentos para encorajar práticas responsáveis.
- **Colaboração interdisciplinar**: A colaboração entre cientistas,

indústria, decisores e sociedade civil é essencial para o desenvolvimento de soluções sustentáveis aceites. As iniciativas interdisciplinares podem promover a inovação e garantir que os desenvolvimentos tecnológicos satisfazem as necessidades da sociedade.

Este capítulo explorou os desafios e as oportunidades associados aos complexos metálicos em aplicações sustentáveis. Embora existam limitações nas tecnologias actuais, as inovações promissoras e as orientações futuras podem transformar estes desafios em oportunidades. A aceitação social e as políticas de sustentabilidade serão essenciais para garantir que estes avanços tecnológicos beneficiem a sociedade, respeitando o ambiente.

CONCLUSÃO

Neste livro, explorámos a química sustentável e o papel crucial dos materiais inorgânicos na transição para uma economia mais amiga do ambiente. Aqui está um resumo dos principais pontos abordados:

- **Definição e princípios da química sustentável**: Definimos a química sustentável como uma disciplina que integra considerações ambientais, económicas e sociais, e discutimos os doze princípios da química verde que orientam esta abordagem.
- **A evolução dos materiais sustentáveis**: Traçámos a história dos materiais sustentáveis, destacando exemplos emblemáticos como os bioplásticos e os compósitos de base biológica, bem como os avanços na química dos materiais.
- **Complexos metálicos e catálise**: Examinámos o papel essencial dos complexos metálicos na catálise sustentável, explorando as suas aplicações na produção de hidrogénio, na conversão de CO2 e noutros processos químicos.
- **Tecnologias de eletrólise**: A eletrólise da água foi identificada como um método promissor para a produção de hidrogénio, com destaque para os catalisadores e as diferentes tecnologias de eletrólise

e suas aplicações industriais.

- **Desafios e perspectivas futuras**: Identificámos os desafios associados aos complexos metálicos, incluindo os custos e a toxicidade, e destacámos as inovações e a investigação futura necessárias para ultrapassar estes obstáculos.
- **Impacto social**: Por último, foi discutida a importância da aceitabilidade social e das políticas de sustentabilidade como um elemento-chave para garantir o êxito das tecnologias sustentáveis.

Perspectivas futuras para a química sustentável e os materiais inorgânicos

Olhando para o futuro, há uma série de perspectivas para a química sustentável e os materiais inorgânicos:

- **Inovação contínua**: A investigação em química sustentável continuará a evoluir, com inovações em catalisadores, materiais de base biológica e tecnologias energéticas. A exploração de novos complexos metálicos, menos dispendiosos e mais sustentáveis, será crucial.

- **Integração de tecnologias**: As sinergias entre diferentes tecnologias, como o hidrogénio e a eletrólise, e a sua integração em sistemas energéticos globais desempenharão um papel fundamental na transição para soluções sustentáveis.
- **Colaboração interdisciplinar**: O futuro da química sustentável dependerá também da colaboração entre cientistas, indústria e decisores. Será fundamental trabalhar em conjunto para desenvolver soluções sustentáveis e eficazes para os desafios societais.
- **Sensibilização e educação**: Por último, a educação e a sensibilização do público para a importância da química e dos materiais inorgânicos sustentáveis são essenciais para incentivar uma maior adoção destas tecnologias.

Em conclusão, a química sustentável e os materiais inorgânicos oferecem um imenso potencial para criar um futuro mais amigo do ambiente. Os desafios são muitos, mas também o são as oportunidades de inovação e progresso. A investigação e a colaboração contínuas serão fundamentais para transformar estas perspectivas em realidade.

"REACÇÕES QUÍMICAS ILUSTRATIVAS

Numéro	- Réaction Chimique	-Description	-Application
1	$NaOH+HCl \rightarrow NaCl+H2O$	Réaction de neutralisation entre un acide et une base.	Illustre le principe de minimisation des déchets en chimie verte.
2	$nCO+(2n+1)H_2 \rightarrow CnH_{2n+2}+nH2On$	Réaction de Fischer-Tropsch, où le monoxyde de carbone et l'hydrogène sont convertis en hydrocarbures.	Utilisation de complexes métalliques pour produire des carburants.
3	$RCOOR'+H2O \rightarrow RCOOH+R'OH$	Hydrolyse des esters, qui peut être utilisée dans la production de bioplastiques.	Création de matériaux biosourcés à partir de ressources renouvelables.

Numéro	- Réaction Chimique	-Description	-Application
4	$CO2+3H2 \rightarrow CH3OH+H2O$	Réduction du dioxyde de carbone en méthanol.	Conversion de CO_2 en produits chimiques utiles, favorisant la durabilité.
5	$2H_2O \rightarrow 2H_2+O_2$	Électrolyse de l'eau, décomposition de l'eau en hydrogène et oxygène.	Production d'hydrogène comme vecteur énergétique durable.
6	$M\text{-}L \rightarrow M+L$	Décomposition d'un complexe métallique, où M est un métal et L est un ligand.	Évaluation de la durabilité des complexes métalliques dans des processus chimiques.

Détails supplémentaires :

- **M** : Métal de transition, souvent utilisé dans des complexes catalytiques.

- ***L**: Ligando, que pode influenciar as propriedades catalíticas e a toxicidade dos complexos.*

GLOSSÁRIO

- **Biomassa**: Matéria orgânica de origem biológica, utilizada para produzir materiais, energia ou produtos químicos.
- **Bioplásticos**: Plásticos fabricados a partir de recursos renováveis, como o amido ou a celulose, concebidos para reduzir a dependência dos plásticos tradicionais derivados do petróleo.
- **De base biológica**: Produtos ou materiais derivados de recursos renováveis, como plantas ou resíduos orgânicos.
- **Catalisador**: Substância que aumenta a velocidade de uma reação química sem ser consumida no processo.
- **Química sustentável**: Disciplina química que tem por objetivo reduzir o impacto ambiental dos produtos químicos.
- **Química verde**: conjunto de princípios e práticas que visam a conceção de produtos e processos químicos mais respeitadores do ambiente.
- **Compósito**: Material constituído por dois ou mais componentes separados que, quando combinados, têm propriedades superiores.
- **Economia circular**: Modelo económico que visa prolongar a vida útil dos produtos e minimizar os resíduos, incentivando a reutilização e a reciclagem.

- **Eletrólise**: O processo de decomposição química de uma substância através da passagem de uma corrente eléctrica através dela.
- **PEM (Proton Exchange Membrane)**: Membrana de permuta de protões utilizada em certas tecnologias de eletrólise para melhorar a eficiência.
- **Fotovoltaica**: Tecnologia que converte a luz solar em eletricidade utilizando células solares.
- **Biomimética**: Uma abordagem que se baseia em modelos biológicos para resolver problemas humanos.

REFERÊNCIAS

1. **Anastas, P. T., & Warner, J. C.** (1998). Green Chemistry: Theory and Practice. Oxford University Press.

2. **Auras, R., et al** (2004). An Overview of Polylactides as Packaging Materials (Uma visão geral dos polilactídeos como materiais de embalagem). Journal of Biobased Materials and Bioenergy, 2(1), 1-9.

3. **Benignus, V. A., & Pottenger, L. H.** (2012). Desenvolvimento sustentável e a química da química verde. Nature Chemistry, 4(1), 1-2.

4. **Beller, M., & Bolm, C.** (2004). Transition Metal Catalysis in Organic Synthesis. Wiley-VCH.

5. **Crabtree, R. H.** (2014). O papel da catálise homogénea na química sustentável. Nature Chemistry, 6(2), 115-120.

6. **Clark, J. H., & Macquarrie, J. R.** (2002). Handbook of Green Chemistry and Technology (Manual de Química e Tecnologia Verde). Blackwell Publishing.

7. **Dicks, A. L., & McLaren, R.** (2010). Química e Desenvolvimento Sustentável. Mundo da Química, 7(6), 30-34.

8. **Ghadi, R. R., & Goyal, A.** (2017). Química e engenharia sustentáveis: Uma Perspetiva Verde. Journal of Cleaner Production,

141, 123-132.

9. **Giddey, S., et al** (2012). Produção de hidrogénio a partir da eletrólise da água: A Review of the Technologies. Jornal Internacional de Energia do Hidrogénio, 37(9), 6748-6754.

10. Green, M. A., Emery, K., Hishikawa, Y., Warta, W., & Zou, J. (2010). Tabelas de Eficiência de Células Solares (Versão 35). Progress in Photovoltaics: Research and Applications, 18(1), 1-12.

11. **Grätzel, M.** (2001). Células fotoelectroquímicas. Nature, 414(6861), 338.344.

12. **Kainuma, Y., & Yamada, S.** (2014). Avanços em Bioplásticos: A Global Perspective. Journal of Polymers and the Environment, 22(1), 1-12.

13. **Liu, Y., et al.** (2017). Avanços recentes em catálise para conversão de CO2. Química Verde, 19(22), 5106-5131.

14. **Liu, Y., & Wang, H.** (2019). Avanços recentes em catalisadores organometálicos para conversão de energia solar. Energia e Ciência Ambiental, 12(2), 463-476.

15. **McDonough, W., & Braungart, M.** (2002). Cradle to Cradle:

Remaking the Way We Make Things. North Point Press.

16. **Momo, S. A., & Smith, A.** (2019). Materiais sustentáveis: A Review of Bioplastics and Composites. Journal of Cleaner Production, 211, 562-577.

17. **Mohanty, A. K., Misra, M., & Drzal, L. T.** (2002). Bio-compósitos sustentáveis a partir de recursos renováveis: A Review of the Progress. Composites Science and Technology, 62(12), 1467-1482.

18. **Mohanty, A. K., & Misra, M.** (2016). Compósitos biodegradáveis sustentáveis a partir de recursos renováveis: A Review. Journal of Polymers and the Environment, 24(4), 1-18.

19. **Pollard, S. J., & Macleod, M.** (2007). Sustainable Development and the Role of Chemistry (Desenvolvimento Sustentável e o Papel da Química). Chemical Society Reviews, 36(6), 1045-1057.

20. **Ragaert, K., Delva, L., & Van Geem, K.** (2017). Reciclagem mecânica e química de resíduos sólidos de plástico. Gestão de Resíduos, 68, 120- 133.

21. **Su, Y., et al.** (2019). Estratégias inovadoras para o desenvolvimento de catalisadores sustentáveis. Chemical Society Reviews, 48(6), 1313-1332.

22. **Thakur, V. K., & Thakur, M. K.** (2014). Polímeros

biodegradáveis e suas aplicações. Composites Part A: Applied Science and Manufacturing, 67, 1-12.

23. **Turner, J. A.** (2004). A Realizable Renewable Energy Future (Um Futuro Realizável das Energias Renováveis). Science, 305(5686), 972-974.

24. **Nações Unidas.** (2015). Transformando o nosso mundo: A Agenda 2030 para o Desenvolvimento Sustentável.

25. **Programa das Nações Unidas para o Ambiente.** (2021). Políticas para o desenvolvimento sustentável.

26. **Wang, Y., et al.** (2019). Avanços em Catalisadores para Reação de Evolução de Hidrogênio em Eletrolisadores. Chemical Society Reviews, 48(9), 2317-2339.

27. **Liu, Y., & Wang, H.** (2019). Avanços recentes em catalisadores organometálicos para conversão de energia solar. Energia e Ciência Ambiental, 12(2), 463-476.

MIX
Papier aus verantwortungsvollen Quellen
Paper from responsible sources
FSC® C105338

Printed by Books on Demand GmbH, Norderstedt / Germany